LES TROIS PETITS MOUSSES

Coulommiers. — Imp. P. BRODARD et GALLOIS

LES
TROIS PETITS MOUSSES

PAR

ADRIEN LINDEN

DEUXIÈME ÉDITION

PARIS

LIBRAIRIE CH. DELAGRAVE

15, RUE SOUFFLOT, 15

1886

LES
TROIS PETITS MOUSSES

Par une jolie brise nord-ouest, le vaisseau *l'Agile* voguait vers la France.

Trois petits mousses, assis à l'arrière du

bâtiment, causaient de leur famille, qu'ils allaient bientôt revoir.

Ces enfants, suivant l'usage du bord, s'appelaient par des sobriquets : l'un Grain-de-sel, l'autre Grenouillet, et le troisième Rat-de-cale.

En ce moment passa sur le pont le maître gabier Darnay, surnommé l'Académicien.

C'était le plus brave homme de l'équipage. Malgré ses allures un peu rudes et son langage pittoresque, jamais parole grossière ne sortait de sa bouche.

Les matelots le tenaient en grande estime et prétendaient qu'avant d'entrer dans la marine le maître gabier avait été surveillant dans une école. Quoi qu'il en soit, le vieux Darnay était très bon pour les petits mousses et, dans ses moments de loisir, il se plaisait à leur apprendre à lire et à écrire.

— Que faites-vous là, moucherons? demanda-t-il aux enfants.

— Nous parlons de nos papas, qui doivent être revenus de la pêche, dit un des mousses.

— Cela dépend du bonhomme Ventôse et Mme la Verte, son épouse. En d'autres termes, cela dépend du vent et de la mer.

— Et des harengs aussi, ajouta Grain-de-sel. Le matelot l'Endormi assure que ce sont des malins qui font vingt-sept fois le tour du monde avant de se laisser prendre.

— Mes enfants, il ne faut pas croire aux fariboles que vous débitent les camarades. Les harengs sont de bonnes pâtes de bêtes qui se donnent la peine de vivre pour servir de nourriture à la moitié des habitants de l'eau et à une notable partie des habitants de la terre.

— Est-ce que les harengs ne font jamais le tour du monde? demanda Grenouillet-

— Jamais. Chaque année, en avril, ces pois.
sons quittent les mers glaciales et s'en viennent vers le sud. Ils voyagent en colonne
serrée et forment des bandes qui occupent
parfois dix lieues d'étendue sur deux ou trois
cents mètres d'épaisseur.

Quand les pêcheurs tombent sur un de ces
bancs de poissons, ils font des razzias à crever
les filets.

— Pourquoi les harengs quittent-ils la mer
du Nord?

— Pourquoi? On n'en sait trop rien. D'au-
cuns, qui se disent instruits, prétendent que
c'est pour faire plaisir à leurs enfants.

Il paraîtrait que les petits harengs n'aiment pas l'eau glacée et que leurs mamans,
pour leur être agréables, viennent pondre
dans les eaux amorties. Elles arrivent avec

leurs maris sur les côtes d'Écosse vers le mois
d'août et se répandent dans la Manche et sur

PÊCHE DU HARENG.

les côtes jusqu'à la fin de l'année, sans jamais
franchir le 45ᵉ degré de latitude nord.

D'autres, parmi les savants, disent que les

1.

harengs ne voyagent pas, qu'ils ne font que remonter des profondeurs de la mer à la surface, à certaines époques de l'année. C'est bien possible, et je n'y trouve rien à redire. Cependant, puisqu'il y a des insectes, des oiseaux, des mammifères qui émigrent, je ne vois pas pourquoi les harengs n'auraient pas le droit d'en faire autant. D'autant plus que certains poissons font mieux que changer de quartier ; ils quittent tout à fait l'eau salée, remontent le cours des fleuves et rivières et vont prendre des bains d'eau douce. C'est ainsi que font les saumons, les aloses, les esturgeons et plusieurs autres.

Qu'ils voyagent ou non, les harengs peuvent se flatter de rendre de crânes services au pauvre monde. Grâce à leur fécondité extraordinaire, — une femelle pond environ soixante mille œufs, — les harengs font vivre des millions de pêcheurs de toutes les nations et des milliards de consommateurs de toutes les espèces.

— Comme la morue, fit observer Rat-de-cale.

— Comme la *morue*, le *maquereau*, le *merlan*, le *thon*, la *sardine*, et autres poissons de passage.

— Papa pêche la morue à Terre-Neuve, dit Grenouillet.

— Alors il doit souffler dans ses doigts, car on n'attrape pas de coups de soleil dans ce pays-là.

La pêche à la morue est une grosse affaire. Il ne suffit pas de la pêcher, il faut encore l'ouvrir, la saler et la mettre en barriques. Le plus souvent, on se contente de la saler et de la faire sécher. Cela donne du stockfish, comme disent les Allemands.

— Pourquoi les saumons et les esturgeons quittent-ils la mer? demanda Grain-de-sel.

— Pour le motif qui fait descendre les harengs de l'océan Glacial à l'océan Atlantique, répondit le gabier : si les petits harengs ont besoin d'une eau tempérée, les petits saumons, aloses, esturgeons, etc., ont besoin de vivre dans l'eau douce pendant leur premier âge. Voilà pourquoi leurs parents gagnent les fleuves et les rivières au moment du *frai*, c'est-à-dire au moment où les femelles pondent.

Les animaux, pour être des bêtes, ne sont pas des imbéciles, sachez-le, mes canards. Le grand-amiral qui nous gouverne tous, le grand-amiral Dieu les a doués d'un instinct particulier qui leur tient lieu de raison.

Il faut reconnaître que les poissons sont loin d'en savoir autant que les insectes

et que les oiseaux. Cependant on ne peut
leur refuser un certain discernement; la

PRÉPARATION DE LA MORUE.

preuve nous en est donnée par les harengs,
saumons, etc., qui savent choisir les endroits
convenables à leur progéniture. On cite

même des poissons qui ne sont dépourvus ni de ruse ni d'adresse : tel est l'archer, qui vit dans les eaux du Gange. Ce poisson se nourrit presque exclusivement d'insectes terrestres. Comme il ne peut les poursuivre dans les airs, savez-vous ce qu'il fait pour se les procurer? Il lance des gouttes d'eau sur ceux qu'il voit sur les herbes aquatiques, et cela si habilement qu'il ne manque presque jamais son coup : l'insecte tombe dans le fleuve, et l'archer le croque.

La plupart des poissons devinent les pièges qu'on leur tend, et plusieurs possèdent des moyens de défense : les pêcheurs le savent bien.

— C'est vrai, dit Rat-de-cale ; quand je vais pêcher les crevettes avec mes sœurs, nous trouvons quelquefois des crabes qui nous pincent jusqu'au sang.

— Que nous racontes-tu là, avec tes crabes et tes crevettes? ce ne sont pas des poissons! dit Grenouillet.

LA PÊCHE DES CREVETTES

— Qu'est-ce que ça fait? On les pêche tout de même.

— Tous les animaux qui vivent dans la

mer ne sont-ils pas des poissons? demanda Grain-de-sel au marin.

— Il s'en faut. Dans le grand baquet, il y a des bêtes de tous genres, sans compter celles qui voyagent dessus.

— Vous plairait-il de nous dire leur nom?

— Sont-ils assez curieux, ces poulots? Ça me va. J'aime les marmousets qui cherchent à s'instruire. Je vais vous signaler les principales catégories des bêtes et bestioles de ma connaissance qui barbotent dans l'eau salée : attention !

Il y a d'abord les *cétacés*, qui ne sont pas des poissons, puisqu'ils sont mammifères.

— Que veut dire mammifère? demanda Grenouillet.

— On désigne ainsi tous les animaux qui nourrissent leurs petits du lait de leurs mamelles.

LES CÉTACÉS.

Les cétacés sont des mammifères qui sont conformés pour vivre dans l'eau, mais qui sont obligés de venir à la surface des flots respirer l'air atmosphérique. Ils ne peuvent toujours demeurer dans l'eau, comme les poissons, ni séjourner un temps plus ou moins long sur terre, comme les amphibies.

C'est dans la famille des cétacés que se trouvent le *marsouin,* le *cachalot* et l'animal le plus gigantesque du monde : la *baleine.*

— La baleine ! s'écria Grenouillet, celle qui d'une seule bouchée avale des hommes et des bateaux.

— Ce sont là des balivernes que racontent les farceurs du bord. La baleine ne peut manger de proie un peu volumineuse, puis-

qu'elle n'a pas de dents pour la saisir et pas
de gosier assez large pour l'avaler.

A la place de dents, la baleine porte à 'a

BALEINE.

mâchoire supérieure trois ou quatre cents lamelles cornées, qu'on appelle *fanons*. Quand
elle a faim, la baleine ouvre sa vaste gueule,
aspire une grande quantité d'eau qu'elle re-
jette aussitôt par des ouvertures nommées
évents qui sont placées sur le haut de sa tête.

Cette eau ainsi expulsée forme des jets de 12 mètres de haut.

En aspirant de la sorte, l'animal attire une foule de mollusques et de petits poissons qui restent accrochés aux fanons. La baleine n'a plus qu'à desserrer ses lamelles pour en extraire le butin et s'en repaître.

J'ai pêché la baleine et n'ai jamais trouvé dans son corps de poissons plus gros que des merlans.

— Vous avez pêché la baleine! s'écrièrent les petits garçons; dites-nous comment on fait, maître.

— Autant vous raconter ça qu'autre chose, répondit le vieux marin avec bonhomie.

Cric! crac! je commence.

Au printemps, saison favorable à ce genre d'expédition, les navires mettent le cap sur le Groënland, vaste contrée de l'Amérique qui touche au pôle nord et où se trouve le plus grand nombre de baleines.

Lorsqu'on rencontre un de ces monstres endormis, les pêcheurs, montés sur leurs chaloupes, l'accostent sans bruit. L'un deux, armé d'un javelot à crochets, nommé *harpon*, se tient debout à la tête de la barque et lance sa flèche dans le corps de la baleine : l'arme pénètre dans les chairs et n'en peut sortir, retenue qu'elle est par ses crochets. Dès que l'animal se sent atteint, il plonge aussitôt, emportant l'instrument qui l'a frappé et qui est attaché à la chaloupe par un cordage d'une longueur considérable.

La baleine reparaît bientôt pour respirer, — elle ne peut demeurer plus de vingt minutes sous l'eau. — Les pêcheurs lui lancent de nouveaux traits et continuent ce manège jusqu'à ce que, épuisée par la perte de

PÊCHE DE LA BALEINE.

son sang, la bête expire et flotte à la surface de l'eau.

Les pêcheurs alors traînent leur capture vers le navire et procèdent au dépècement. C'est une opération qui dure plusieurs jours et qui occupe tout l'équipage. On dépouille d'abord la baleine de ses fanons. Ensuite on enlève de sa tête toutes les matières grasses qui s'y trouvent; après quoi, on découpe son lard par bandes et, morceau par morceau, on enlève toutes les parties utilisables de l'animal. Quand il est dépouillé, on abandonne le cadavre.

Une baleine de taille moyenne produit de 8 à 10 hectolitres d'huile.

Autrefois la pêche de la baleine occupait une armée de matelots; aujourd'hui il n'en est plus de même. On a tant chassé et tant poursuivi cet animal qu'il est devenu de plus

DÉPÈCEMENT D'UNE BALEINE.

en plus rare; le peu qui reste s'est réfugié dans les mers glaciales où il est bien difficile de l'atteindre. Ce monstrueux cétacé, qui, dit-on, peut atteindre 25 mètres de long et peser jusqu'à 150 000 kilogrammes, est le plus timide et le plus inoffensif des animaux. Un rien l'effraye, la moindre agitation de la mer le met en fuite. Cet animal craintif devient très courageux quand il s'agit de défendre sa progéniture. Une baleine ne quitte jamais son petit au moment du péril. Elle le protège en le couvrant de son corps et meurt plutôt que de l'abandonner.

La pêche de la baleine n'est pas exempte de périls. L'animal blessé peut d'un coup de sa queue briser les chaloupes et noyer ceux qui les montent. Il arrive aussi que la baleine harponnée plonge si rapidement que la corde attachée au javelot ne se déroule pas assez vite ; dans ce cas, barque et pêcheurs sont entraînés et disparaissent sous les flots.

Un autre danger menace les pêcheurs de baleine.

Dans ces régions polaires, il n'est pas rare de rencontrer des ours blancs. Alors la danse commence. Les ours blancs ! voilà des citoyens désagréables. Ils ne craignent ni hommes ni bêtes et vous attaquent une chaloupe comme des zouaves attaquent une redoute. C'est à ce moment qu'il faut avoir de la poigne et savoir jouer de la hache, car l'ours blanc ne recule jamais ; les blessures ne font que redoubler sa férocité : avec lui, il faut vaincre ou mourir.

— Ça vous donne la chair de poule, murmura Grain-de-sel.

— Est-il capon, ce Grain-de-sel ! dit Grenouillet.

PÊCHEURS ATTAQUÉS PAR DES OURS BLANCS.

— Capon! répéta le petit mousse en se levant et en serrant les poings.

— Silence dans les rangs! commanda le gabier. Grenouillet, tu as mal parlé. Ton camarade a du cœur et ne boude pas à la manœuvre pendant le gros temps. S'il est moins vif que toi, il n'est pas moins brave, et il a du sang-froid.

Le courage ne consiste pas à s'élancer avec emportement au-devant de la mort; ces élans fougueux sont rarement nécessaires et durent peu. L'homme vraiment courageux évite les périls inutiles, mesure le danger avec calme, lui résiste sans faiblir, le combat en employant toutes les ressources de son esprit et toutes les forces de son corps, jusqu'à ce qu'il succombe ou qu'il sorte triomphant de la lutte.

— Maître, parlez-nous des autres cétacés, dit Rat-de-cale pour changer de propos.

— Volontiers, mon raton, répondit le vieux Darnay.

Le cachalot.

Par rang de taille, après la baleine vient le *cachalot*.

Cet animal ressemble à la baleine par sa forme générale, mais il en diffère singulièrement par les mœurs, le caractère et la conformation de la mâchoire. Autant la baleine est timide et inoffensive, autant le cachalot est audacieux et redoutable. La baleine vit solitairement dans les mers polaires, le cachalot voyage partout : on le trouve aussi bien sous les glaces des pôles que sous la zone brûlante de l'équateur. Ce qui le rend si remuant et si agressif, c'est son formidable appétit et les moyens qu'il a de le satisfaire. Sa mâchoire inférieure est garnie de belles et bonnes dents capables de saisir et de retenir n'importe quelle proie. Le cachalot dévore une quantité incroyable de poissons de grande taille : on a trouvé dans le corps d'un cachalot un requin tout entier qui mesurait cinq mètres de longueur.

Le cachalot donne moins d'huile que la baleine, mais, en revanche, il fournit avec abondance une matière grasse appelée *blanc de baleine* ou *spermaceti*. Cette graisse se trouve dans une espèce de réservoir osseux que l'animal porte dans sa tête énorme.

Ce spermaceti est recherché dans le commerce. On en fait des bougies à moitié transparentes et les pharmaciens l'emploient comme pommade adoucissante.

Outre le blanc de baleine, le cachalot fournit une matière jaune demi-liquide et d'une odeur repoussante qu'on va chercher dans ses intestins. Cette matière qui est, dit-on, une sécrétion résultant d'une maladie, se durcit à l'air, prend une teinte grise très foncée et répand alors une odeur musquée : on l'appelle *ambre gris*. Cette substance est utilisée par les parfumeurs.

Le narval.

Le *narval* se distingue des autres cétacés par la défense qui prolonge sa mâchoire supérieure et qui porte trois mètres de longueur. Cette arme terrible, faite de l'ivoire le plus dur, pourrait perforer tous les autres animaux marins si le narval avait l'humeur batailleuse : c'est au contraire un animal paisible qui évite les combats et qui fuit devant le danger. Il n'attaque guère que la baleine qui, je vous l'ai dit, est très peureuse et n'a d'autres

moyens de défense que sa force prodigieuse
et la rapidité de sa fuite.

Le dauphin.

Outre les diverses espèces de baleines, on
compte encore parmi les cétacés carnassiers
le *dauphin* et le *marsouin*.

DAUPHIN.

Ces deux animaux ont à peu près les
mêmes mœurs; ils sont voraces, se nourrissent de poissons et de tous les détritus qu'ils
rencontrent. Ils vivent en troupe et paraissent avoir de l'attachement pour leurs petits.

Ils ne fuient pas la présence de l'homme et ils aiment à jouer autour des navires.

Les dauphins bondissent hors de l'eau et font des sauts relativement considérables. Ceux de la grande espèce, qui peuvent mesurer cinq mètres de longueur et qu'on appelle souffleurs sur les côtes de Normandie, sont, avec le cachalot, les cétacés les plus cruels.

Le marsouin.

Le *marsouin* — qu'on appelle aussi *cochon de mer*, parce que son museau, garni de muscles très forts, lui permet d'aller fouiller dans le sable — est le plus petit des cétacés. Il se nourrit d'anguilles et de mollusques. On le trouve dans toutes les mers et à l'embouchure des fleuves.

Le lamentin.

Le *lamentin* est un animal gros comme

LAMENTIN ET SON PETIT.

un bœuf et rond comme un tonneau. Il mesure cinq mètres de longueur et pèse jusqu'à quatre cents kilogrammes. Il a une petite tête terminée par un mufle à lèvres charnues comme celles du veau.

Le lamentin habite les mers du nouveau monde et les côtes de l'Afrique. On le trouve surtout à l'embouchure des fleuves, broutant les herbes du rivage. La femelle allaite son petit en le tenant serré contre sa poitrine.

On voit des lamentins en grand nombre sur les côtes d'Amérique, tout proche des rivières et dormant le mufle à demi hors de l'eau.

Le lard de cet animal fournissant beaucoup d'huile et sa chair étant bonne à manger, on le pêche avec ardeur. Cette pêche n'est ni dangereuse ni difficile. Elle se pratique comme celle de la baleine au moyen du harpon.

Le lamentin mâle a le museau garni de

longs poils qui figurent assez bien des moustaches; la femelle porte les mamelles sur la poitrine. Ces deux particularités leur donnent, quand ils se tiennent le buste hors de l'eau, quelque ressemblance avec les hommes et les femmes. C'est probablement cette vague ressemblance qui a donné lieu aux fables anciennes qui parlent de tritons et de sirènes.

Le dugong.

Le *dugong* par la forme busquée de sa tête et la forme allongée de son corps diffère du lamentin. Il se nourrit d'algues, de varech et d'autres plantes aquatiques qu'il mâche comme les vaches. On le trouve dans la mer des Indes, dans la mer Rouge et non loin de l'Australie.

Les Malais estiment tellement la chair de cet animal qu'ils la réservent pour la table des princes.

Vous remarquez que dugong et lamentin se nourrissent de végétaux, tandis que la baleine, le cachalot, etc., ne vivent que de proie. C'est pour cette raison que les naturalistes ont divisé les cétacés en deux sections : les *cétacés carnassiers* et les *cétacés herbivores*. Tâchez de vous rappeler cela, si vous pouvez, mes cocos.

— Nous nous le rappellerons, répondit Rat-de-cale. Est-ce qu'il n'y a pas d'autres animaux marins qui donnent à boire à leurs petits?

— Si vraiment, mon garçon, il y en a d'autres. Il y a ceux qu'on appelle amphibies.

— Qu'est-ce que c'est que les amphibies?

LES AMPHIBIES.

L'ordre des *amphibies* est formé par des mammifères qui par leur forme extérieure diffèrent complètement des animaux carnassiers, tout en conservant une organisation presque analogue. Ces animaux ont des membres qui ne leur permettent pas de marcher; aussi passent-ils la plus grande partie de leur vie dans l'eau.

On les appelle amphibies parce qu'ils peuvent vivre sur la terre et dans l'eau.

Le plus connu de l'espèce est le phoque.

Le phoque.

Le *phoque* semble tenir le milieu entre les quadrupèdes et les cétacés, de même que ces derniers conduisent la classe des poissons en passant par les squales dont je vous parlerai tout à l'heure.

La tête du phoque ressemble assez à celle du chien; son museau est garni de moustaches comme celui du chat. Son corps épais et rond qui se termine en pointe, est couvert d'un poil ras et doux. Ses pieds sont fort courts : ceux de devant sont enveloppés par la peau jusqu'au poignet et ceux de derrière jusqu'au talon; les premiers lui servent à ramper sur les rochers, à se traîner sur le sable; ceux de derrière ne peuvent lui servir que de nageoires et de gouvernail, tellement ils sont reculés.

L'espèce phoque est assez nombreuse. Les individus qui la composent peuvent différer par la taille et par le caractère particulier, mais tous se ressemblent par la forme générale et par le mode d'existence. Les phoques communs ne dépassent guère deux mètres de longueur. Ils établissent leurs demeures dans des grottes souterraines. On les voit souvent pendant l'été étendus sur les rochers. Ils vivent en troupe et se nourrissent de poissons.

Les phoques habitent presque toutes les mers, principalement celles voisines des deux pôles.

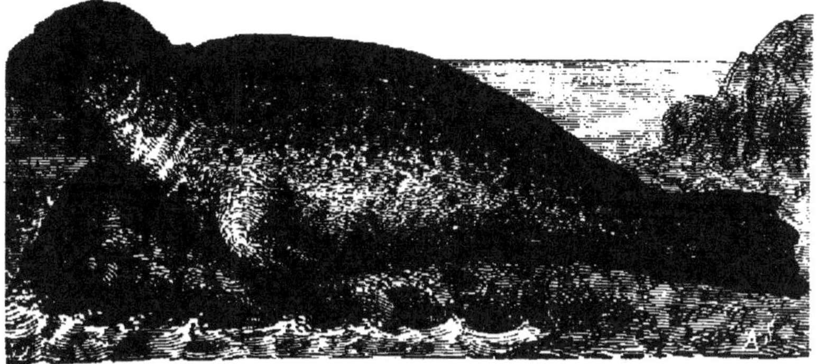

PHOQUE.

La chasse de cet animal fait à peu près l'unique occupation du Groenlandais, qui en retire les choses indispensables à son existence : il se nourrit de sa chair, s'éclaire de sa graisse et se fait des tentes, des lits, des couvertures, des vêtements, des chaussures, des barques avec sa peau.

Quoique d'un caractère timide, le phoque se défend avec courage, surtout quand il a des petits. On l'apprivoise assez facilement et il paraît éprouver un vif attachement pour son maître. On montre dans certaines ménageries des phoques qui obéissent au commandement, se tournent, se dressent, aboient et font mille évolutions sur un signe de leur gardien.

Le phoque à trompe.

Le *phoque à trompe* est le géant de l'espèce, il peut atteindre sept mètres de longueur et peser mille kilogrammes. Ces animaux doivent leur nom à la forme allongée de leur museau. Ils vivent en troupes nombreuses dans les îles de la Nouvelle-Zélande et dans l'océan Austral. Ils sont d'un tempérament singulièrement froid. Ils dorment d'un sommeil presque léthargique et sont difficiles à réveiller. Les chasseurs profitent de cette espèce d'engourdissement pour les attaquer et les détruire,

Cette chasse n'est pas sans danger, car, aussitôt que l'animal se sent blessé, il se défend avec courage et ses dents sont assez puissantes pour faire de profondes blessures

La voix du phoque à trompe ressemble au hennissement du cheval.

Le lion marin.

Le *lion marin* est une espèce de phoque à nez relevé. Le mâle porte sur le cou de longs poils qui de loin ressemblent à la crinière du lion. Il peut mesurer cinq mètres de long et peser six cents kilogrammes. Les femelles sont beaucoup plus petites. Les lions marins habitent les mers septentrionales. Ils se nourrissent de poissons et à certaines époques s'abstiennent de nourriture. Contrairement à leurs congénères, qui sont très attachés à leur progéniture, les lions marins ne témoignent aucune affection à leurs petits : ils les écrasent quelquefois en rampant sur eux et les laissent tuer sous leurs yeux avec une complète indifférence. Ces petits ne sont pas folâtres comme les autres jeunes phoques. Ils sont comme engourdis et paraissent stupéfiés par le besoin de sommeil.

Les vieux lions marins beuglent comme des taureaux et les jeunes bêlent comme des moutons.

Le morse.

Cet animal est remarquable par les défenses qu'il porte à la mâchoire supérieure et qui, au lieu de se dresser en l'air comme chez les autres animaux, se dirigent vers la terre. Ces défenses, presque aussi longues que celles de l'éléphant, pèsent quelquefois 12 et même 15 kilogrammes. Ces dents formidables servent à l'animal moins pour se défendre que

pour arracher les coquillages dont il fait sa
principale nourriture.

PÊCHEURS ATTAQUÉS PAR DES MORSES.

Les morses vivent par groupe en nombreuse compagnie et semblent éprouver les
uns pour les autres une très vive affection.

Comme les cochons, ils sont unis par une étroite solidarité. Quand un morse est harponné par des pêcheurs, toute la troupe accourt le défendre ou le venger. Il n'est pas rare de voir des embarcations assiégées par ces animaux vindicatifs. Ils se cramponnent facilement à l'aide de leurs défenses et réunissent leurs efforts pour faire chavirer leurs ennemis.

Quand ils ne sont point tourmentés, les morses se montrent inoffensifs et se sauvent à l'approche de l'homme.

Tels sont les principaux mammifères qui habitent l'eau salée. Je vous ferai remarquer que ces animaux ont le sang chaud et qu'ils respirent par des poumons. Quoique pouvant vivre longtemps sous l'eau, ils sont obligés de venir respirer à la surface des flots. Ils périraient noyés, comme vous et moi, s'ils étaient maintenus de force dans l'eau.

— Quelles sont les autres bêtes qu'on trouve dans la mer? demanda Grain-de-sel, quand le gabier eut cessé de parler.

— Les poissons, répondit celui-ci, car je vous le répète une fois encore, les *mammifères aquatiques* ne sont pas des poissons.

LES POISSONS.

Les *poissons* sont des animaux vertébrés à sang froid qui vivent dans l'eau et qui res-

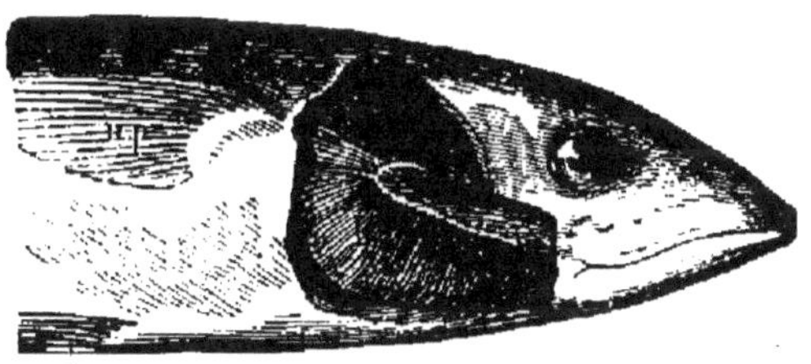

BRANCHIES DU POISSON.

pirent par des branchies. Cette classe d'animaux, dont les sujets sont fort nombreux, se divise en deux groupes principaux : les *pois-*

3.

sons cartilagineux et les *poissons osseux*. Le premier contient trois ordres et
l'autre six. Je vais vous indiquer les principaux individus appartenant à chaque division.

— Qu'est-ce que c'est que les branchies?
demanda Grenouillet, c'est la première fois
que j'entends ce mot-là.

— Les branchies sont de petites lamelles
charnues que les poissons portent de chaque
côté de la tête et qui sont recouvertes par une
cloison mobile qui s'ouvre extérieurement.
Lorsque le poisson respire, cette cloison s'en-
tr'ouvre : l'air qui est contenu dans l'eau pénètre entre les branchies, mais l'eau n'y pénètre pas. Tu connais fort bien ces appareils qui
laissent filtrer l'air : on les appelle des *ouïes*.

— Nous les connaissons, répondirent à la
fois les trois mousses.

— Je continue donc.

Les poissons cartilagineux.

C'est dans cette sous-division que se trouvent les plus grands poissons de la mer et les plus féroces : en première ligne il faut citer :

Le requin.

Cet animal vorace est le tigre de la mer. Il atteint parfois huit mètres de longueur.

REQUIN.

Sa gueule et son gosier sont suffisamment larges pour lui permettre d'avaler un homme ; aussi n'est-il pas rare d'en trouver dans son corps. Ce qui rend cet animal redoutable, c'est la garniture de sa mâchoire, armée de six rangées de dents, au nombre de cent quarante-quatre. Ces dents sont mobiles et se replient au gré de l'animal, ce qui lui permet de lâcher ou de retenir sa proie. Ses nageoires sont proportionnellement plus grandes que celles des autres individus de son espèce. Sa peau est dure, coriace et épineuse; son œil, à fleur de tête, lui permet de voir de tous les côtés. En somme, cet animal est si bien armé pour la bataille qu'il ne redoute que bien peu d'ennemis; il ravagerait le monde de la mer sans le cachalot qui l'arrête dans son œuvre de destruction en le détruisant lui-même. Le requin, qui ne craint ni les hommes ni leurs fusils, a tellement peur du cachalot que parfois il se brise la tête contre les rochers, tant il met d'empressement à fuir le gros cétacé.

Le requin montre une grande avidité pour la chair humaine; une fois qu'il en a goûté, il ne cesse de rôder non loin des navires.

Les matelots pêchent ce monstre comme on pêche l'ablette; seulement la ligne est une chaîne de fer, l'hameçon un crochet d'acier à triples branches et l'appât un quartier de viande. On laisse traîner cette ligne derrière le vaisseau; le requin se jette sur cette proie et l'avale. Une fois qu'il est accroché, on le laisse se débattre; lorsque ses forces sont épuisées, les matelots le hissent sur le pont et l'assomment à coups de barre de fer, en ayant soin d'éviter sa queue vigoureuse. Il ne faut pas ménager les coups, car le requin a la vie si tenace que, même découpé en morceaux, ses muscles conservent encore des mouvements fébriles.

La gueule du requin forme un demi-cercle;

elle s'ouvre sous la tête assez loin des narines, ce qui l'oblige à se tourner sur le côté pour saisir sa proie.

La peau de cet animal est employée comme râpe naturelle : on l'appelle peau de chagrin ou *peau de chien de mer.*

Le requin se rencontre sous presque toutes les latitudes.

Il appartient à la famille des *squales.*

Les autres squales intéressants sont :

Le marteau.

Le *marteau,* que la forme de sa tête permet de reconnaître entre tous les animaux. Aplatie horizontalement, tronquée à sa partie antérieure, cette tête se prolonge par les côtés, comme celle d'un marteau, ou mieux comme celle d'un T ; les yeux sont placés au bout des branches du T.

L'espadon.

L'espadon est un grand poisson qui dépasse quelquefois 6 mètres de longueur et dont les os de la tête se prolongent en une lame tranchante des deux côtés comme la lame d'une épée. Cette lance est longue comme le tiers de l'animal. Malgré cette arme, l'espadon est très craintif et n'attaque pas les autres poissons. Quelquefois cependant, il frappe de sa lance les carènes des vaisseaux. On ne sait trop pourquoi, car le plus souvent elle se brise en pénétrant dans le bois.

L'ange.

L'*ange* est le seul de tous les squales dont la bouche soit fendue à l'extrémité du museau. Il a la tête ronde, le corps large et plat.

Le dessin que j'ai là dans un livre, vous fera connaître sa forme mieux qu'aucune description.

Ange.

La scie.

La *scie* est remarquable par la forme du museau qui se termine en lame d'épée. Cette

SCIE.

lame, large et aplatie, est armée de chaque côté d'os tranchants et aigus. Comme le narval, la scie attaque les baleines.

Les raies.

Les *raies* ont le corps en forme de disque. Elles ont les yeux placés sur le dos et la bouche se trouve sous le ventre. C'est le meilleur de tous les squales, et c'est à peu près le seul qui soit recherché pour les besoins de la table.

Il y a plusieurs espèces de raies dont l'une,

la raie blanche, pèse jusqu'à cent kilogrammes; mais la plus curieuse de toutes, c'est la
torpille. Elle mérite une mention particulière.

La torpille.

Certains animaux sont doués d'étranges
facultés et les prodiges ne manquent pas dans
la nature. La torpille est de ce nombre.

Ce poisson ressemble beaucoup à la raie. Il
a le corps aplati et presque circulaire. Il porte
de chaque côté de la tête un appareil électrique d'une très grande puissance. La main
qui touche la torpille est frappée à l'instant
d'une commotion si vive que le bras en
demeure momentanément paralysé. Quand
on marche sur ce poisson on reçoit une se-
cousse douloureuse qui s'étend jusqu'à l'estomac. Cette sensation est si pénible que, lors-

TORPILLE.

qu'on l'a ressentie, on ne veut plus toucher aucune espèce de raies.

L'appareil de la torpille reproduit tous les phénomènes qui résultent de nos machines électriques. Si dix personnes se tiennent par la main et que la première touche une torpille, le choc se transmet instantanément et la dixième personne en éprouve la violence aussi vivement que celle qui est en contact avec l'animal.

L'esturgeon.

L'*esturgeon* est aussi classé parmi les poissons cartilagineux, bien que sa peau soit couverte de plaques plus dures que de la corne et que son corps soit garni de cinq rangées d'os piquants. Cet animal, si formidablement armé, n'est cependant pas batailleur. Il faut dire que sa bouche, qui est placée au-dessous de son museau, est toute petite et manque de dents. L'esturgeon ne peut donc attaquer aucun autre poisson, il vit de petits mollusques et de vers qu'il va chercher dans la vase.

On trouve l'esturgeon dans les mers d'Europe et d'Amérique. A l'approche du printemps, il quitte l'eau salée et remonte les fleuves, pour y déposer son frai.

C'est avec des œufs d'esturgeon que l'on prépare le *caviar*, mets fort recherché des Russes. Avec la vessie de l'esturgeon on fait une excellente colle blanche, dite *colle de poisson*.

Les poissons osseux.

Les *poissons osseux*, je vous l'ai dit, forment les neuf dixièmes de la race. Il y en a de tant d'espèces que leur nom remplirait un livre. La plupart sont bons à manger. Vous les voyez souvent sur le port quand on les débarque : ce sont eux qui font vivre les pêcheurs.

Cite-nous ceux que tu connais, Grain-de-sel.

— Je connais le *turbot*, la *sole*, la *plie*, le *carrelet*, la *barbue*, la *dorade*, le rouget, le *serran*, le *congre*, la *merluche*, l'*ègrefin* et un tas d'autres. J'ai vu aussi des *fretans* qui pesaient plus de trois cents livres sans avoir plus de six pieds de longueur.

— Ce que tu n'as jamais vu, mon garçon, c'est le gymnote, espèce d'anguille qui est ronde comme un boudin et qui mesure jusqu'à deux mètres de longueur.

Le gymnote.

Le *gymnote*, autrement appelé *anguille électrique*, se trouve dans les marais et les petits cours d'eau de l'Amérique équatoriale. C'est, comme tu le vois, un poisson d'eau douce. Je t'en parle pour te montrer qu'il n'y a pas que dans les mers seulement qu'on rencontre des poissons curieux. Le gymnote est le poisson qui possède l'appareil électrique le plus puissant. La torpille peut donner des secousses capables de nous engourdir bras et jambes; le gymnote peut donner des commotions capables de renverser les plus gros animaux et de tuer les hommes les plus robustes.

Pour s'emparer des gymnotes, dont la chair est excellente, les Américains font entrer dans les mares fréquentées par ces poissons des chevaux sauvages qui reçoivent les premiers chocs. Ces chevaux sont bientôt abattus quand ils ne sont pas tués, et les pêcheurs profitent de l'épuisement des anguilles pour les harponner.

La température des eaux fréquentées par les gymnotes est de 28 à 30 degrés.

Qu'est-ce qui te fait rire, Grain-de-sel?

— Je ris des Américains qui font tuer des chevaux pour avoir des anguilles ; il me semble que le jeu ne vaut pas la chandelle.

— Cela prouve que les indigènes de la Colombie ne sont pas encore très civilisés et que rien ne leur coûte quand il s'agit de satisfaire leur gourmandise. Continuons.

Outre la torpille et le gymnote, on connaît encore d'autres espèces de poissons électriques, le *silure*, par exemple.

Ce poisson, long de 40 centimètres, a presque la forme d'une tanche, mais il a le corps plus arrondi. On le trouve dans le Nil et dans les eaux du Sénégal. Les Arabes l'appellent poisson foudre, bien que sa puissance électrique n'égale pas celle de la torpille.

Un autre poisson singulier, c'est le remora.

Le remora.

Le *remora* habite les mers qui baignent les côtes occidentales de l'Afrique. C'est un poisson qui n'a l'air de rien ; il ressemble à un gros maquereau, excepté qu'il a le museau plus allongé. Ce poisson porte sur la tête un appareil qui lui permet d'adhérer fortement aux corps

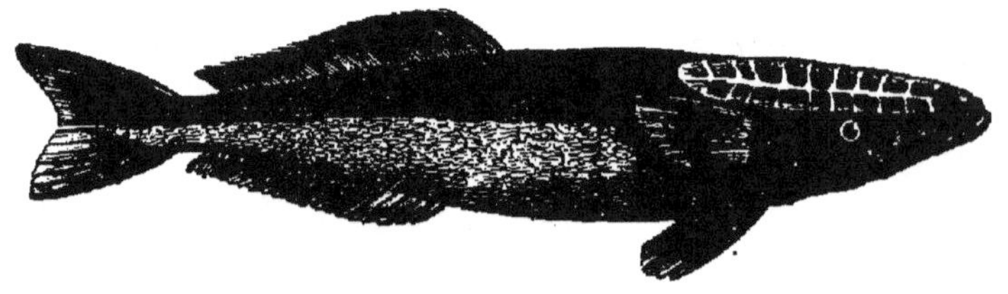

REMORA.

solides. Lorsqu'il s'est ainsi collé à quelque objet, il est impossible de lui faire lâcher prise. Les Cafres, qui ne sont pas aussi sauvages qu'on veut bien le dire, utilisent la faculté particulière du remora et l'emploient comme pêcheur.

A cet effet, ils attachent une ligne à la queue de l'animal et le lâchent. Le remora, lorsqu'il rencontre un gros poisson ou une tortue, ne manque pas de se coller sur son ventre ; aussitôt que les pêcheurs le sentent fixé, ils le ramènent à bord en même temps que sa capture.

L'hippocampe.

Parmi les poissons curieux, sinon par leur taille du moins par la bizarrerie de leur con-

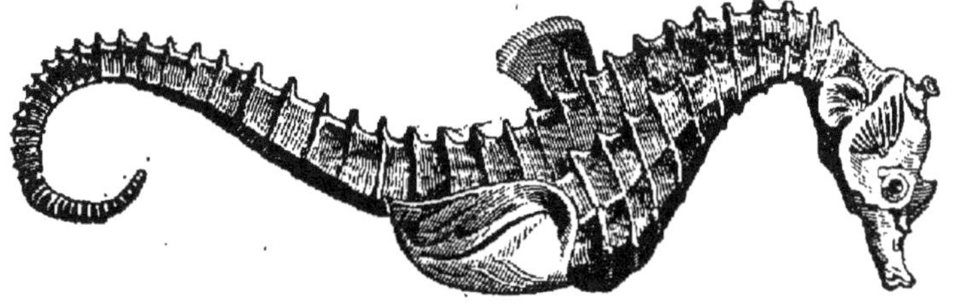

HIPPOCAMPE.

formation, il faut citer l'*hippocampe*, autrement appelé cheval marin. Ce poisson ne ressemble en rien à ses congénères, quant à l'aspect. Sa grosse tête, bien distincte du reste du corps, est supportée par un cou fortement cambré ; le milieu du corps est cintré comme une selle et la queue se relève un peu en arrière avant de se replier en dessous ; cette queue se termine en pointe et non en nageoire. Le corps de ce petit animal est composé d'ossements cartilagineux assez rapprochés les uns des autres, commençant à la naissance de la tête et finissant à l'extrémité de la queue.

Ce singulier poisson, qui rappelle un peu la conformité de la tête et de la croupe du cheval, ne dépasse pas 30 centimètres de longueur. Il habite la mer des Indes orientales, la Méditerranée et l'océan Atlantique.

En Italie, on trouve beaucoup de squelettes de petits chevaux marins pas plus gros que le doigt. On fait sécher ces poissons qui gardent leur forme originale, même après la mort, et les enfants en font des jouets.

Le dactyloptère.

Vous en voyez tous les jours de ces poissons, mais de loin seulement. Ils s'élancent hors de la mer, s'élèvent au-dessus des flots et parcourent en volant une distance d'environ trente brasses. Ils se maintiennent au-dessus de l'eau tant que l'air n'a pas desséché leurs nageoires.

— Je les connais, dit Rat-de-cale, ce sont des arondelles : ils ont des ailes.

— Nous autres, nous les appelons ainsi; mais dans les livres on les désigne sous le nom de *dactyloptère*, mot qui est tiré du grec et qui signifie doigt aïlé, à ce que prétend le chirurgien de la maison.

— Qu'il soit tiré du grec ou du latin, ce mot-là est très difficile à retenir; j'aime mieux appeler les arondelles poissons volants, fit observer Grain-de-sel.

— Tu ne raisonnes pas mal pour un moussaillon, reprit le gabier avec un gros rire.

Ces diables de savants fabriquent comme ça des tas de mots biscornus, histoire d'embarrasser le pauvre monde. Appelons donc les poissons qui volent poissons volants et laissons les savants les nommer en grec ou en chinois, à leur fantaisie.

Pour en revenir à celui dont il s'agit, je te dirai, petit raton, que ce poisson-là n'a pas d'ailes comme tu parais le croire. Ce qui le soutient dans les airs ce sont ses nageoires qui s'étendent de la poitrine à la queue et qui, lorsqu'elles sont étendues, font l'office d'ailes. Ces nageoires, étant membraneuses et transparentes, ont quelque ressemblance avec des ailes de mouches.

— Pourquoi ces poissons-là sortent-ils de l'eau?

— Pour échapper aux poissons carnassiers qui les poursuivent et qui veulent les croquer.

— Ah, ah! fit Grenouillet en riant. Ils se sauvent des carnassiers de l'eau et se font happer par les oiseaux de mer qui s'en régalent.

— Que veux-tu, mon garçon? C'est ainsi que cela se pratique sur la boule terrestre. Les gros mangent les petits en attendant que les petits mangent les gros : c'est la loi de nature.

— Comment les petits peuvent-ils manger les gros?

— Les gros animaux finissent toujours par mourir, n'est-il pas vrai? alors ils deviennent la pâture des bêtes de toutes sortes qui se nourrissent de chairs corrompues, et sont dévorés par des millions de larves d'insectes, espèces de vers, qui font métier de débarrasser la terre de toutes ses charognes.

Pour en finir avec les poissons, je vous citerai :

L'*anabas*, qui habite la Chine et les Indes.

Le dactyloptère.

Ce poisson peut non seulement se traîner sur le rivage et rester longtemps hors de l'eau, mais encore grimper sur les arbres.

En entendant ces mots, les trois petits mousses ne purent s'empêcher de rire.

— Vous savez, mes petits agneaux, que je ne vous raconte pas de bourdes, comme le font les autres matelots. Tout ce que je vous dis est vrai; je l'ai appris dans des ouvrages sur l'histoire naturelle, et vous savez que les paroissiens qui écrivent des livres pareils ne sont pas des Gascons. Maintenant, assez de poissons comme cela, passons à des bêtes d'un autre genre. Parlons des crustacés.

LES CRUSTACÉS.

On appelle *crustacés* les animaux articulés qui respirent par des branchies et dont la peau est généralement si dure qu'elle sert de

carapace à l'animal. Les crustacés sont carnassiers et très voraces. On les trouve dans
toutes les mers. Certains habitent les eaux
douces; quelques-uns vivent sous terre où ils
se creusent des retraites.

CRABE.

Les crustacés qui vous sont les mieux con-
nus et qui sont en même temps les géants de
l'espèce sont : les *homards*, les *langoustes*
et les *crabes*.

Je ne vous dirai rien de leurs habitudes,

sinon qu'ils ont un goût prononcé pour la
chair corrompue; mais je vous signalerai une
faculté qui leur est propre et que je voudrais

BERNARD-ERMITE.

bien avoir : les crustacés, lorsqu'ils se brisent
une patte, ont la chance de la voir repousser.
Il faut dire que ces accidents leur arrivent fré-

quemment, c'est pourquoi les pinces des homards et des écrevisses sont rarement de la même dimension.

Le crabe qu'on appelle *Bernard-ermite*, bien qu'appartenant à la classe des crustacés, n'a pas de carapace. La peau de son thorax est assez dure, mais le reste de son corps est mou. Il supplée par la ruse à l'insuffisance de ses moyens de défense. Il va tout simplement se loger dans la coquille vide de quelque mollusque et y demeure jusqu'à ce que, devenu plus gros, il soit obligé de changer de domicile. Il arrive souvent que deux Bernards-ermites se disputent la même coquille. Ces rencontres amènent toujours des combats meurtriers, car ni l'un ni l'autre ne veut céder sa conquête. Le plus joli de l'affaire, c'est que pendant qu'ils se battent à outrance, un troisième crabe ermite peut survenir et s'emparer de la pièce disputée. Cela ne vous rappelle-t-il pas la fable des voleurs et de l'âne que raconte le bonhomme La Fontaine?

> Tandis que coups de poing trottaient,
> Arrive un troisième larron
> Qui saisit maître Aliboron.

Le plus drôlement conformé des animaux de cette espèce, c'est le limule.

Le limule.

Le *limule* est un crustacé des plus singuliers. Son corps est divisé en deux parties : la première, recouverte par une véritable cuirasse demi-circulaire et bombée, porte les yeux et douze pattes autour de la bouche qui lui servent à la fois de pieds et de mâchoires; la seconde partie est recouverte par un autre bouclier de forme triangulaire; elle porte dix pattes qui servent à l'animal autant pour nager que pour respirer, car ces pattes sont munies de branchies. Son corps est terminé par une longue queue étroite et pointue, aussi longue que le bouclier, et qui ressemble absolument à la lame d'un gros fleuret. Les sauvages emploient cette espèce de stylet comme arme ; ils en font des flèches dont la blessure est, dit-on, fort dangereuse.

Ce crustacé, qui porte cuirasse et épée, habite l'océan Indien et particulièrement les eaux voisines des îles Célèbes.

— Les crevettes doivent faire partie des crustacés puisqu'elles ont le corps protégé par une espèce de carapace, n'est-il pas vrai, maître? dit Rat-de-cale.

— Oui, répondit le gabier, les crevettes sont des crustacés.

— Alors les huîtres sont aussi des crustacés, car elles sont enfermées dans des écailles bien plus dures encore que celles des homards, fit observer Grain-de-sel.

— Ici, tu fais erreur, mon gars. Les huîtres n'ont pas de carapace; elles vivent dans une coquille, ce qui n'est pas la même chose. Les animaux de cette catégorie sont appelés mollusques.

LES MOLLUSQUES.

Les *mollusques* sont des animaux qui n'ont pas de squelette et dont le corps n'est point formé de pièces distinctes et mobiles; leur sang est incolore ou légèrement bleuâtre, leur peau molle et visqueuse. Les uns ont le corps nu; les autres, et c'est le plus grand nombre, ont le corps protégé par une coquille. Cette classe contient un nombre considérable d'individus de formes très variées.

Ces animaux, n'ayant pas de membres proprement dits, ne peuvent se mouvoir qu'en contractant leur corps en divers sens. Ils se nourrissent, les uns de substances solides qu'ils peuvent saisir et avaler par morceaux; les autres de substances liquides seulement. Les premiers sont munis de mâchoires tranchantes, tandis que les derniers n'ont qu'un simple tuyau pour aspirer le liquide qui contient leur nourriture.

Les mollusques forment un des quatre embranchements du règne animal. On les a distribués en six classes que je ne vous citerai pas, dans la crainte de surcharger votre mémoire.

— Dites-nous au moins quels sont les autres embranchements du règne animal.

— Bien volontiers, car c'est une chose que chacun doit savoir et qui est facile à retenir.

Le règne animal se compose de quatre

embranchements, savoir : 1° les VERTÉBRÉS;
2° les ARTICULÉS ; 3° les MOLLUSQUES ; 4° les
ZOOPHYTES.

Pour mieux vous les graver dans l'esprit
je vais tracer sur le pont avec de la craie un
petit tableau que vous pourrez copier sur vos
livrets. Attention et faites-moi de la place.

Disant ces mots, le maître gabier traça la
figure suivante :

RÈGNE ANIMAL

1ᵉʳ embranchement : Les VERTÉBRÉS.	2ᵈ embranchement : Les ARTICULÉS.	3ᵉ embranchement : Les MOLLUSQUES.	4ᵒ embranchement : Les ZOOPHYTES.

Revenons aux mollusques.

Je vous ai dit que les uns avaient le corps
nu et que les autres étaient protégés par une
coquille solide. Ces coquilles sont de deux sortes : les unes sont faites d'une seule pièce; les

autres sont formées de deux pièces distinctes qui s'ouvrent ou qui se ferment à la volonté de l'animal.

Les coquilles d'une seule pièce sont généralement décorées de teintes et de dessins fort agréables. Les coquilles à deux pièces sont beaucoup moins jolies. Vous connaissez les unes et les autres, surtout les dernières.

— Oui, répondit Gringalet, nous connaissons bien les moules et les huîtres qui ont l'air de vivre dans une boîte à charnière. Est-il vrai qu'on trouve des trésors dans les huîtres, comme le dit le matelot Flûte-en-bois?

— Le matelot Flûte-en-bois veut parler des huîtres appelées *arondes*. Ces huîtres renferment quelquefois dans l'intérieur de leur coquille une petite boule de nacre qui se vend fort cher et qui est connue sous le nom de *perle*.

Les arondes vivent principalement dans le golfe Persique, et la pêche en est très pénible.

Des plongeurs, munis de leurs cloches, s'enfoncent sous les flots. Dans leur trajet, ils

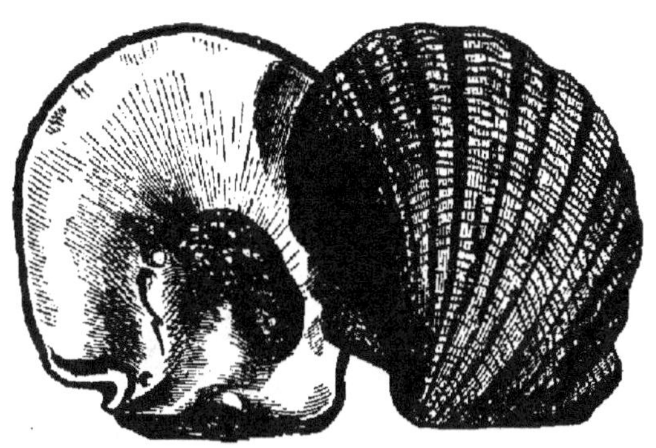

Huître perlière.

peuvent se briser contre des pointes de roc ou rencontrer des requins qui les dévorent. Quelquefois aussi, pour être restés trop longtemps sans renouveler leur provision d'air, ils périssent asphyxiés.

Les huîtres que les pêcheurs vont détacher des rochers sont déposées sur le rivage, où elles ne tardent pas à pourrir.

C'est dans ce tas d'immondices que les joailliers de l'Inde fouillent pour trouver les perles, qui sont attachées à la face interne de l'écaille.

Les *huîtres* ordinaires abondent sur nos côtes. Elles vivent presque immobiles, attachées les unes aux autres ou fixées après des rochers. On les pêche avec des espèces de râteaux entourés de filets.

Les huîtres, vous le savez, sont fort recherchées des gourmets, mais elles ne sont bonnes à manger qu'après avoir été parquées, c'est-à-dire, après avoir séjourné sept ou huit mois dans un réservoir communiquant avec la mer.

MOULE.

On appelle ces réservoirs *parc aux huîtres*.

Je ne vous dirai rien des *moules* que vous trouvez sur tous les rochers et que vous allez chercher à mer basse; vous les connaissez mieux que moi et vous savez qu'elles offrent une alimentation précieuse aux pauvres gens.

5.

— Les gens riches en mangent tout de même, fit observer Grain-de-sel.

— Cela prouve que les bonnes choses ne sont pas toujours les plus rares.

Passons maintenant aux mollusques sans coquilles, aux mollusques nus ; vous n'en connaissez guère de ceux-là.

— Est-ce que les pieuvres n'en sont pas ? demanda Grenouillet.

— Si vraiment, petite Grenouille ; comment le sais-tu ?

— C'est le matelot Vent-de-bout qui m'en a parlé. Il m'a dit que les pieuvres, que les bourgeois appellent poulpes, sont des mollusques très méchants qui s'entortillent après les jambes des baigneurs et qui les noient pour les dévorer.

— Le matelot Vent-de-bout a dit la vérité. Seulement les poulpes dont il vous a parlé appartiennent à la grande espèce et ne ressemblent que par la forme aux petits poulpes qui abondent dans le voisinage de nos côtes.

— Parlez-nous des grands poulpes qui mangent les hommes! s'écria Grain-de-sel.

— Avec plaisir. Je vais vous faire la description de ce dangereux animal, dont les marins de tout pays parlent avec mystère et qu'ils appellent le grand diable de la mer. Je le fais d'autant plus volontiers qu'il circule parmi les matelots une foule de contes fantastiques sur ce sujet. Le poulpe est certainement une des créatures les plus extraordinaires de la mer et même de la terre, mais il n'a rien de surnaturel, comme le prétendent certains matelots superstitieux. Vous savez d'ailleurs, mes enfants, que si les merveilles abondent en ce bas monde, aucune n'est surnaturelle.

— Le poulpe ! le poulpe ! crièrent les petits mousses.

— Sont-ils impatients, ces moussaillons : voici.

Le poulpe.

Le *poulpe* est un mollusque nu qui atteint parfois des dimensions considérables. Son corps est une masse charnue qui n'est soutenue par aucun os, qui n'est protégée ni par une carapace, ni par des écailles, ni par des poils. Lorsqu'il est jeté hors de l'eau, il s'affaisse et tombe comme un monceau de gélatine. La conformation du poulpe est des plus singulières : sa tête est placée entre le tronc et les pieds et, lorsqu'il se meut, c'est le corps en haut et la tête en bas. Ce corps a la forme d'un sac plus ou moins allongé. Au repos, cet animal ressemble à un paquet informe autour

duquel pendraient des lanières molles ou des
lambeaux d'inégale grandeur; mais, lorsqu'il
guette sa proie et qu'il étend ses huit pattes

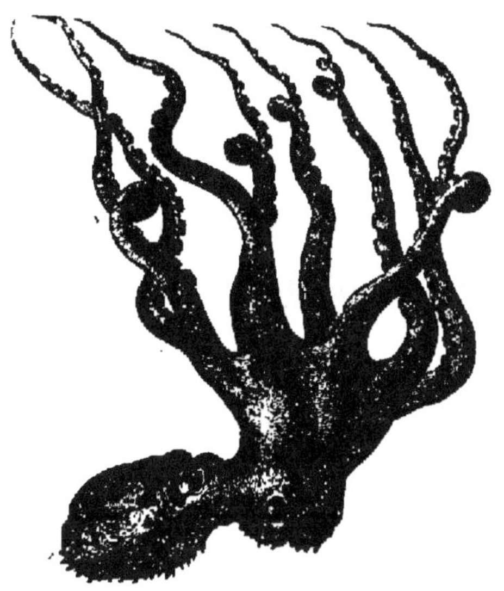

POULPE.

inarticulées, on croirait voir une gigantesque
araignée.

Rien n'est plus terrible que cet être hideux.
Ce corps mou, à la chair presque transpa-
rente, qui n'a de résistant que la corne de sa
mâchoire, semblable au bec d'un perroquet,

possède des armes non moins redoutables que les griffes du lion, les dents du requin ou le venin de la vipère. Ces armes ce sont les huit pieds, autrement appelés *tentacules*, placés autour de sa bouche. Ces tentacules, qui peuvent s'allonger et se raccourcir à la volonté de l'animal, sont doués d'une force, d'une souplesse et d'une agilité extraordinaires. Ils se déploient, s'enroulent, se dressent, se nouent, s'élancent, se ramassent, se tordent avec une rapidité vertigineuse. Lorsqu'une de ces pattes élastiques saisit une proie, rien ne peut lui faire lâcher prise. Il serait plus facile de se tirer des anneaux musculeux du boa que des tentacules du poulpe; un seul suffit pour arrêter un animal six fois plus gros que le poulpe lui-même, et il en a huit à son service!

Ce n'est pas seulement à raison de leur force et de leur flexibilité que ces tentacules

CÉPHALOPODE GÉANT ATTAQUANT UNE BARQUE DE PÊCHEURS.

sont redoutables, c'est surtout à cause des suçoirs qu'ils portent de chaque côté et dans toute leur longueur. Ces ventouses possèdent une force d'adhésion si considérable, qu'il est plus aisé d'arracher le tentacule de sa base que de le détacher de l'objet contre lequel il est appliqué. Quand le tentacule s'enroule autour d'une proie, tous les suçoirs agissent simultanément; jugez de la puissance de la l'animal lorsqu'il met en jeu ses huit horribles pattes. Dans cette position, non seulement la victime est réduite à l'immobilité, mais les ventouses qui s'enfoncent dans ses chairs l'engourdissent à ce point, qu'elle perd tout sentiment.

Maître de sa proie, le poulpe la déchire avec son bec corné.

Tous les matelots sont convaincus qu'il existe un poulpe géant, qui atteint des dimensions colossales et qui vit au plus profond des mers. Ce prétendu poulpe, qu'ils appellent kraken, serait assez fort pour faire couler bas un vaisseau à trois ponts, rien qu'en l'entourant d'un de ses tentacules. Personne jusqu'à présent n'a vu ce monstre. Il n'existe probablement que dans l'imagination des matelots, mais il faut convenir que cette croyance est fort enracinée dans leur esprit. Pour mon compte, je ne croirai au poulpe kraken que lorsque je l'aurai vu de mes yeux et touché de mes mains.

Ce que je peux vous dire, c'est que j'ai rencontré dans la mer des Indes des poulpes qui mesuraient quatre mètres de circonférence et dont les tentacules dépassaient huit mètres de longueur.

Quand les Indiens voyagent dans les eaux où vivent ces dangereux mollusques, ils sont toujours armés de haches afin de pouvoir couper à l'instant même, le tentacule qui viendrait enlacer leur embarcation. Sans cette précaution, barque et matelots disparaîtraient dans les profondeurs de la mer et deviendraient la proie de cet épouvantable animal.

Les *seiches* et les *calmars*, que vous connaissez bien, appartiennent à cette famille de mollusques. Les officiers du bord les nomment *céphalopodes*, mot qui signifie, disent-ils, pieds autour de la tête.

Les poulpes et les seiches sont munis d'une poche remplie d'une liqueur noire et musquée. Lorsque ces animaux sont serrés de trop près par leurs ennemis, ils lancent au dehors ce liquide en quantité assez grande pour teindre l'eau qui les entoure et par ce moyen se cacher à la vue de leurs poursuivants. On désigne cette liqueur sous le nom d'*encre*. L'encre de seiche est employée en peinture, on l'appelle *sepia*.

On prétend que l'encre de Chine est fabriquée avec cette matière.

En vous parlant des mammifères amphibies, j'ai oublié de vous dire qu'il y a aussi des *reptiles amphibies* qui vivent presque toujours dans la mer et qui ne viennent sur terre qu'à certaines époques de l'année. Les plus intéressants sont les *tortues*.

Les tortues.

On divise les tortues en deux catégories : les *tortues terrestres* et les *tortues aquatiques*, et chaque espèce se compose de plusieurs genres.

Ces reptiles sont remarquables par la boîte osseuse dans laquelle ils sont enfermés et qui n'a d'ouverture qu'aux deux extrémités pour laisser passer les membres du propriétaire. Cette double cuirasse protège ces animaux d'autant plus complètement que certains d'entre eux ont la faculté de rentrer tête et pattes sous leur carapace et de les mettre à l'abri, comme le restant du corps.

La famille des tortues, ainsi que celle des poissons, renferme des géants et des nains. Certaines espèces de tortues ne dépassent pas la largeur de la main ; d'autres sont tellement monstrueuses qu'un homme pourrait se servir de leur carapace supérieure en guise de baignoire.

Je ne m'occuperai ni des tortues terrestres ni des tortues d'eau douce ; je vous signalerai seulement quelques-unes des tortues marines.

La tortue franche.

La *tortue franche* peut atteindre 2 mètres de longueur et peser trois cents kilogrammes. Elle habite les mers de la zone torride et particulièrement l'embouchure des fleuves où elle trouve les végétaux marins dont elle se nourrit. Elle ne vient guère sur terre que pour y déposer ses œufs. C'est le moment favorable pour s'en emparer. Vers le mois d'avril, époque de la première ponte, les femelles viennent en grand nombre et pendant la nuit sur le rivage. Elles creusent un trou dans le sable, y déposent leurs œufs, recouvrent le trou et regagnent la mer. C'est le moment que choisissent les pêcheurs ou les chasseurs, comme on voudra les appeler. Dès qu'ils aperçoivent des tortues sur la rive, ils se précipitent sur elles et les renversent sur le dos. Dans cette position, l'animal est incapable de se sauver : la partie supérieure de sa carapace étant fortement bombée, il ne peut se remettre sur pied qu'après de longs et pénibles efforts. En quelques instants, les chasseurs se rendent maîtres d'un grand nombre de tortues et d'une très grande quantité d'œufs; car il faut vous dire que la chair de cette tortue est bonne à manger et que ses œufs, battus ensemble, produisent une matière grasse qui remplace le beurre.

Le caret.

Le *caret*, espèce moins grande que la tortue franche, pèse rarement plus de 100 kilogrammes. Elle se trouve aussi dans les mers des pays chauds. On ne la recherche pas pour sa chair qui est malsaine, mais pour sa carapace qui fournit l'écaille la plus estimée dans les arts et l'industrie. Vous savez que cette matière est translucide, qu'elle est susceptible de recevoir le plus beau poli et qu'elle sert à fabriquer des peignes, des couvertures de carnets, des objets de toilette, etc.

CARET OU TORTUE MARINE.

Parmi les grandes tortues, il y a encore la *couanne*, qui égale en poids et en dimensions la tortue franche.

Le *luth*, qui mesure 2 mètres de long sur 1 mètre de large et qui vit dans la Méditerranée.

Il y en a encore bien d'autres, mais en voilà assez sur ce sujet.

— Après les tortues, y a-t-il encore d'autres bêtes dans la mer?

— Des millions de millions. Il y a toute la classe des animaux-plantes, autrement nommés *zoophytes*.

LES ZOOPHYTES.

On désigne sous ce nom les animaux qui semblent vivre et croître à la façon des plantes. Ils sont très nombreux et tous aquatiques. Les uns nagent librement; les autres demeurent fixés aux rochers. On est loin de connaître tous les individus qui se rattachent à cette classe, et, chaque jour; on découvre de nouveaux détails concernant les mœurs de ces singuliers animaux.

Celui qui vous est le plus connu, c'est l'oursin de mer.

L'oursin de mer.

A première vue, on prendrait cet animal pour un gros marron enfermé dans sa brou. Il a la forme d'une boule. Son corps est couvert d'une croûte dure garnie de piquants

Oursin.

flexibles au nombre de plusieurs milliers. Ces piquants sont des tentacules que l'animal peut retirer. Ils lui servent de moyen de locomotion. La bouche est placée sur le côté aplati de la boule, et les piquants qui entourent cette bouche sont ceux qui donnent

6

l'impulsion quand l'oursin veut se mouvoir. Vous connaissez aussi très bien l'*astérie*, autrement appelée

Étoile de mer.

L'*étoile de mer*, qu'on trouve à marée basse sur tous les rivages, est composée de

ASTÉRIE.

cinq branches en forme d'étoile, réunies par un point central qui est la bouche. Chaque rayon est garni d'une multitude de tubes courts, mous et charnus, qui sont autant de tentacules avec lesquels l'animal saisit sa proie, marche et s'accroche aux rochers.

L'actinie.

Lorsqu'on voit l'*actinie*, ou *anémone de mer*, étalant ses riches couleurs et s'épanouissant comme une véritable fleur, on ne pourrait jamais la supposer animée. La ressemblance avec la fleur est si grande, que pendant longtemps on a méconnu sa véritable nature. Les lamelles, qui figurent les pétales de cette anémone, ne sont rien autre chose que les tentacules avec lesquels l'animal saisit et retient sa proie : quand l'anémone s'épanouit, c'est qu'elle pêche; elle étend alors ses tentacules et les laisse flotter librement afin de recevoir les substances

qui lui servent de nourriture. Quand l'anémone se ferme, c'est qu'elle absorbe ces
mêmes substances ou qu'elle cherche à se
dérober à quelque danger.

L'épanouissement de ces plantes vivantes

ANÉMONE DE MER.

ne se produit pas insensiblement comme celui
des fleurs ; il se produit instantanément : l'anémone s'épanouit et se ferme comme l'escargot
sort et rentre ses cornes. On trouve des anémones dans presque toutes les mers fixées
aux rochers du rivage. Elles sont quelque-

fois si nombreuses et si diversement colorées que l'on croit voir un jardin sous les flots.

Après les anémones, il y a :

MÉDUSE.

Les *méduses*, qui ressemblent à des champignons et qui flottent librement entre deux eaux en attendant qu'elles aillent se fixer à quelque rocher ;

Les *polypes du corail* [1], bestioles qui

1. Voir le volume de la collection : *Voyage dans un tiroir.*

6.

n'ont guère plus de 5 centimètres de longueur et qui, se ramifiant sous les flots, vont former des masses solides, de véritables écueils fort redoutés des navigateurs.

POLYPIER DU CORAIL.

— Comment de si petites bêtes peuvent-elles faire de pareilles choses? demanda Grenouillet.

— Voilà le mystère. Pendant des siècles, on l'a ignoré; mais les terriens, qui sont des malins et qui ont des lunettes pour y voir de près, ont fini par découvrir le pot aux roses. Aujourd'hui, on connaît le secret : je vais te le dire.

Les polypes sont de petits animaux qui n'ont ni tête, ni bras, ni jambes, et qui ont un tuyau pour tout estomac. Ils diffèrent encore des autres bêtes en ce que leurs corps, au lieu de se décomposer, de se putréfier après qu'ils ont cessé de vivre, s'ossifient et se transforment en une matière aussi dure que la roche. Comme ces bestioles ont l'habitude de naître, de vivre et de mourir les unes à côté des autres, et qu'elles poussent de même que les bourgeons sur les plantes, il en résulte qu'avec le temps ces polypes, qui sont fort nombreux, finissent par former des espèces de branches, des troncs, puis des masses considérables.

Tu connais les pêchers, tu sais que les fleurs de cet arbre poussent avant les feuilles. Eh bien, imagine-toi que chaque fleur, au lieu de se changer en pêche, se change en pierre et demeure sur l'arbre. Tu comprends qu'avec le temps le pêcher deviendra énorme, surtout s'il bourgeonne en toute saison : telle est la manière de croître des polypes. Ils se greffent pour ainsi dire les uns sur les autres et forment des bancs sous-marins qui ont des centaines de lieues d'étendue. On connaît des îles qui sont formées de coraux, de madrépores et autres polypes, qui ont plus de 60 lieues de circonférence.

INFUSOIRES.

Il y a encore dans l'immensité de la mer toute la classe des *infusoires*, plus nombreux que les cailloux du rivage, mais qui s'échappent à la vue par leur extrême petitesse. On ne peut les voir qu'avec des vers grossissants.

Ces infusoires, qui sont invisibles à l'œil nu pendant le jour, se voient fort bien et de très loin pendant certaines nuits. La plupart de

ces animalcules ayant le corps lumineux,
comme celui du ver luisant, c'est à leur pré-

PÊCHE DES ÉPONGES.

sence, en nombre incalculable, qu'on attribue
la phosphorescence de la mer, spectacle gran-

diose et magnifique, qui plus d'une fois vous a fait crier au miracle.

Après les infusoires de la mer viennent les *éponges*, ces créatures bizarres qui ont tant intrigué les naturalistes.

— Comment, les éponges sont des animaux? s'écria Grain-de-sel en interrompant le narrateur.

— Oui, mon garçon, les éponges avec lesquelles tu te débarbouilles, ont été vivantes. On ne sait pas trop comment elles se forment, mais on est sûr qu'elles sont animées.

Je sais bien que certains amateurs prétendent que les éponges sont tout simplement des cellules, des espèces de logettes, façonnées par des bestioles, à l'instar des nids de guêpes. Quoi qu'il en soit, ces.....

— Terre! terre! cria l'homme de la vigie.

A ces mots, tout l'équipage se précipita

sur le pont. Les matelots ôtèrent leurs cha-
peaux goudronnés. Un silence solennel régna
pendant une minute à bord; puis une clameur

TERRE! TERRE! CRIA L'HOMME DE LA VIGIE.

immense sortit de cent poitrines à la fois.

Officiers, matelots et petits mousses ve-
naient de saluer la mère patrie au cri de
Vive la France!

TABLE

—

Coulommiers. — Typ. P. BRODARD et GALLOIS.

Coulommiers. — Typographie PAUL BRODARD et Cie.